BEI GRIN MACHT SICH IHR WISSEN BEZAHLT

AF149054

- Wir veröffentlichen Ihre Hausarbeit,
  Bachelor- und Masterarbeit

- Ihr eigenes eBook und Buch -
  weltweit in allen wichtigen Shops

- Verdienen Sie an jedem Verkauf

Jetzt bei www.GRIN.com hochladen und kostenlos publizieren

Peer Bittner

Irreguläre Einwanderer in Europa - Das Beispiel Spanien

GRIN Verlag

Bibliografische Information der Deutschen Nationalbibliothek:

Die Deutsche Bibliothek verzeichnet diese Publikation in der Deutschen National-
bibliografie; detaillierte bibliografische Daten sind im Internet über http://dnb.d-
nb.de/ abrufbar.

Impressum:

Copyright © 2008 GRIN Verlag GmbH
Druck und Bindung: Books on Demand GmbH, Norderstedt Germany
ISBN: 978-3-640-88651-7

Dieses Buch bei GRIN:

http://www.grin.com/de/e-book/170063/irregulaere-einwanderer-in-europa-das-
beispiel-spanien

GRIN - Your knowledge has value

Der GRIN Verlag publiziert seit 1998 wissenschaftliche Arbeiten von Studenten, Hochschullehrern und anderen Akademikern als eBook und gedrucktes Buch. Die Verlagswebsite www.grin.com ist die ideale Plattform zur Veröffentlichung von Hausarbeiten, Abschlussarbeiten, wissenschaftlichen Aufsätzen, Dissertationen und Fachbüchern.

Besuchen Sie uns im Internet:

http://www.grin.com/

http://www.facebook.com/grincom

http://www.twitter.com/grin_com

Christian-Albrechts-Universität zu Kiel
Geographisches Institut
Begleitseminar Humangeographie II

Sommersemester 2008
Datum: 12.06.20008

Irreguläre Einwanderer in Europa:

Das Beispiel Spanien

Referent: Peer Bittner

Inhaltsverzeichnis:

1 Einleitung..2

2 Der Begriff der irregulären Migration 2

3 Irreguläre Migranten...2

4 Das Beispiel Spanien 4

4.1 Vom Auswanderungsland zum Einwanderungsland..4

4.2 Ursachen der irregulären Migration 5

4.3 Die Situation der irregulären Einwanderer 7

4.4 Das Beispiel marokkanischer Einwanderer in Almería 9

5 Fazit 11

6 Literaturverzeichnis 11

1

1   Einleitung

„Alle Schuld tragen die NGOs[1], die den Einwanderern ihre Rechte erklären"; ein Zitat des Bürgermeisters der Stadt El Ejido, welches in der Zeitung „Diario" am 11. Februar 2000 erscheint. Er schiebt die Schuld an den Aufständen, welche zuvor tagelang seine Stadt verwüsteten den Einwanderern und ihren Fürsprechern in die Schuhe und gibt mit diesem Zitat mehr zu verstehen als ihm lieb ist. Spanien wandelt sich. Die Migration rückt in den Mittelpunkt des politischen und gesellschaftlichen Diskurses. Im Zuge dieser Entwicklung stellt sich die Frage nach den Ursachen für die irreguläre Migration und der Situation der irregulären Migranten.

2   Der Begriff der irregulären Migration

Vor dem ersten Weltkrieg gab es den Begriff der irregulären Migration quasi nicht, bzw. es gab kaum Migrationsbeschränkungen und somit auch keine irreguläre Migration (DÜVELL, 2007, S. 3). Erst in den 1930er Jahren tauchte der Begriff der „illegalen Migration" in Berichten der britischen Kolonialverwaltung auf, mit dem Ziel „jüdische Einwanderer nach Palästina zu denunzieren" (DÜVELL, 2007, S. 3). Allerdings wurde dieser Begriff schnell durch den Begriff der „spontanen Migration" ersetzt, welcher die selbstständige und nicht durch Anwerbungsprogramme ausgelöste Wanderungsbewegung von Migranten beschrieb (DÜVELL, 2007, S. 3). Erst in den letzten 25 Jahren des 20. Jahrhunderts gewann der Begriff an Bedeutung. Die Einführung von Zuwanderungsbeschränkungen (z.B. Passpapiere, Visa, Arbeitserlaubnis, etc.) sowie die Vervielfachung und Verkomplizierung der rechtlichen Bestimmungen eines Staates sind eng mit dem Begriff der irregulären Migration verknüpft. Verbote und Bestimmungen machen die Migration zu einer irregulären Migration, nicht aber die Wanderungsbewegung selbst (DÜVELL, 2007, S. 4). DÜVELL (2007, S. 4) beschreibt irreguläre Migration als ein Konstrukt, welches aus politischen und juristischen Bestimmungen besteht.

3   Irreguläre Migranten

Was sind irreguläre Migranten?

Nach DÜVELL (2007, S. 4) definieren vier wesentliche Bedingungen irreguläre Migranten.

1) eine Person übertritt heimlich und ohne Erlaubnis die Grenze eines Staates, hält sich dort unerlaubt auf und arbeitet oder auch nicht.

2) eine Person reist regulär in einen Staat ein, reist aber am Ende des regulären Aufenthalts nicht wieder aus, sondern verbleibt irregulär im Lande und arbeitet oder auch nicht.

---

[1] Non-Governmental Organizations – Nichtstaatliche Organisationen

3) eine Person reist regulär in einen Staat ein, hält sich dort regulär auf, nimmt aber entgegen den Aufenthaltsbestimmungen eine Arbeit auf.

4) ein Kind wird von irregulären Immigranten zur Welt gebracht und ist „irregulär", obwohl es selber niemals eine Staatsgrenze überschritten hat.

Tatsache ist aber, dass in der Realität eine Einteilung vom Schema regulär/irregulär bzw. legal/illegal zu kurz greift. Durch zahlreiche gesetzliche Regelungen in den verschiedenen Einwanderungsstaaten, kommt es immer wieder zu Änderungen des Status der irregulären bzw. regulären Migranten (DÜVELL, 2007, S. 4). Zum Beispiel konnten irreguläre Migranten in den Niederlanden bis 1999 ihre Arbeit registrieren lassen und somit Steuern zahlen. Die dadurch erreichte Legalisierung ihres Arbeitsverhältnis hatte allerdings keine Auswirkungen auf ihren Aufenthaltsstatus, welcher weiterhin als irregulär eingestuft wurde (DÜVELL, 2007, S. 4). Das gleiche Phänomen beobachteten Ruhs und Anderson in Großbritannien und prägten den Begriff der „Teil-Befolgung" (semi-compliance). Auch sie beschrieben damit, dass zwar einige, aber nicht alle Einwanderungsbestimmungen eingehalten werden (DÜVELL, 2007, S. 4).

Zum Teil reisen Migranten aber auch regulär ein und verfügen über einen regulären Status, nehmen dann aber eine Arbeit auf, was sie dann, nach geltendem Recht, wieder zu irregulären Migranten macht. Viele dieser Migranten regularisieren dann aber erneut ihren Aufenthalt, indem sie an verschiedenen Regularisierungsprogrammen teilnehmen oder eine nachträgliche Aufenthalts- oder Arbeitserlaubnis beantragen (DÜVELL, 2007, S. 4). Dem ungeachtet haben auch politische Entscheidungen z.T. großen Einfluss auf den Status der Migranten. So machte beispielsweise der Beitritt von 10 Staaten zur EU 2004 und 2007, aus zuvor irregulären Migranten sozusagen über Nacht reguläre Migranten (DÜVELL, 2007, S. 4).

Einweiteres Problem ist, dass vielen Migranten nicht bewusst ist, dass sie eine Aufenthalts- bzw. Arbeitserlaubnis benötigen, so DÜVELL (2007, S. 4). Auch ist es für sie nicht nachvollziehbar, warum ihnen Arbeitsrechte und z.T. sogar Menschenrechte untersagt werden, obwohl sie doch offensichtlich auf dem Arbeitsmarkt nachgefragt werden (DÜVELL, 2007, S. 5). So bleibt vielen nur der irreguläre Weg, da keine legale Option verfügbar ist. Zusätzlich erscheint den meisten Migranten ein Verstoß gegen das Ausländerrecht als belanglose Straftat. Das mag daran liegen, dass viele irregulären Migranten nur darauf aufmerksam gemacht werden ihren Aufenthaltsstatus zuklären, aber meistens nicht mit harten Strafen rechnen müssen (DÜVELL, 2007, S. 4). Zusammenfassend kann man sagen, dass der aufenthaltsrechtliche Status der Migranten „von recht wechselhafter Natur" (DÜVELL, 2007, S. 4) ist und außerdem von den politischen Rahmenbedingungen abhängig ist.

4 Das Beispiel Spanien

4.1 Vom Auswanderungsland zum Einwanderungsland

Aus der historischen Perspektive betrachtet zählt Spanien zu den „klassischen" Auswanderungsländern. In einem Zeitraum von etwas mehr als 100 Jahren (1882-1990) emigrierten von Spanien aus ca. 7 Millionen Menschen (SANTEL, 2001, S. 7). Die erste Wanderungsphase, welche zwischen 1880 und 1936 stattfand, wurde durch die Emigration nach Amerika geprägt. Vorwiegende Ziele der spanischen Auswanderer waren zu jener Zeit Argentinien, Kuba und Venezuela (SANTEL, 2001, S. 7). Allerdings wurde die transkontinentale Emigration stark durch den Ausbruch des spanischen Bürgerkrieges (Juli 1936) beeinflusst und verminderte sich in den folgenden Jahren deutlich (SANTEL, 2001, S. 7). Es folgte eine weitere Phase signifikanter Emigration aus Spanien (1953-1973). Die westeuropäischen Industriestaaten waren, im Zuge ihrer wirtschaftlichen Entwicklung, die vorwiegenden Zielpunkte der Auswanderer (SANTEL, 2001, S. 7). Durch die Wirtschaftskrise von 1973/74 und das damit verbundende Ende der Anwerbungen von „Gastarbeiter" führte zu einem drastischen Rückgang der Auswanderungen. (LAUBENTHAL, 2007, S. 121). Des Weiteren ist diese dritte Phase durch eine „signifikante Rückkehrmigration" (LAUBENTHAL, 2007, S. 121) spanischer Arbeitskräfte geprägt, was dazu führte, dass in den 1990er Jahren mehr Menschen nach Spanien zurückkehrten als auswanderten (LAUBENTHAL, 2007, S. 121). 1999 lag die Rückkehrzahl aus Europa und Lateinamerika bei ca. 20.000 Personen (KREIRENBRINK, 2006, S. 2).

Ferner erlebt Spanien seit Ende der 1980er Jahre einen immensen Anstieg an Zuwanderung, speziell aus dem außereuropäischen Ausland (LAUBENTHAL, 2007, S. 121). 1975 waren ca. 200.000 reguläre Migranten in Spanien gemeldet. Bis Ende 2005 vervielfältigte sich diese Zahl um das Vierzehnfache auf ca. 2,74 Millionen (KREIRENBRINK, 2006, S. 2). Die jährlichen Zuwachsraten lagen dabei seit dem Jahre 2000 fortlaufend bei ca. 20% und bei einer Regularisierungsaktion 2004 bei sogar fast 40% (KREIRENBRINK, 2006, S. 2). Die deutlichen Erhöhungen bei Zuwachsraten im Zuge von Regularisierungsaktionen lassen eine Vermutung auf die „aufenthaltsrechtliche Illegalität" (KREIRENBRINK, 2006, S. 2) in Spanien zu.

Auch die Zahlen des kommunalen Melderegisters, dem padrón municipal, unterstützen die Annahme, dass die tatsächliche ausländische Wohnbevölkerung sehr viel höher ist, als die gemeldeten Zahlen aussagen (KREIRENBRINK, 2006, S. 2). Im Januar 2005 ergibt sich aus diesem Register, dass ca. 3,73 Millionen Ausländer gemeldet sind (siehe Abb. 1). Im Vergleich mit den offiziell vergebenen Aufenthaltsgenehmigungen von ca. 1,98 Millionen (siehe Abb. 1) ergibt sich eine Differenz von etwa 1,75 Millionen (KREIRENBRINK, 2006, S. 2). Insgesamt stellen die Ausländer, nach Angaben des padrón municipal, etwa 8,46% der Gesamtbevölkerung (44,1 Millionen) dar (KREIRENBRINK, 2006, S. 2).

Das starke Bevölkerungswachstum Spaniens, welches zeitweise bei 2,1 % lag (2002/2003 u. 2004/2005) ist insgesamt auf die starke Zuwanderung zurückzuführen (KREIRENBRINK, 2006, S. 2). Spanien rangiert damit (in absoluten Zahlen gemessen) weit vor den anderen Staaten der EU (KREIRENBRINK, 2006, S. 2).

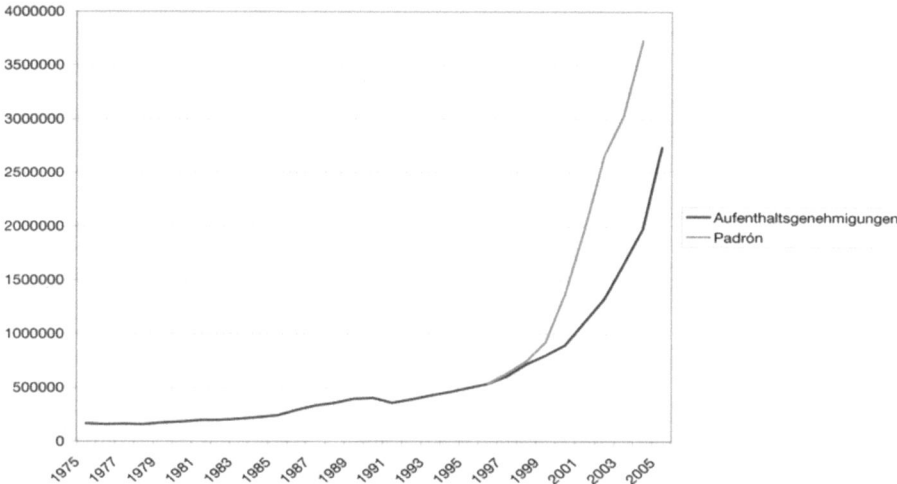

Abb. 1: Ausländer in Spanien nach Aufenthaltsgenehmigung oder dem padrón municipal 1975-2005 (Quelle: Ministerio de Trabajo y Asuntos Sociales, Instituto Nacional de Estadística, padrón municipal. In: KREIRENBRINK, 2006, S. 2)

4.2 Ursachen der irregulären Migration

Spaniens Wandelung von einem „klassischen" Auswanderungsland zu einem Einwanderungsland hat mehrere Gründe. Zunächst wäre die geographische Lage Spaniens zu nennen, welche auch unter dem Aspekt der fortschreitenden Verkehrsentwicklung, nicht zu unterschätzen ist (KREIRENBRINK, 2006, S. 3). Direkt am Mittelmeer gelegen, welches als „demographische, soziale und ökonomische Trennlinie" (KREIRENBRINK, 2006, S. 3) zwischen zwei Welten fungiert. Besonders die Straße von Gibraltar ist aus geographischer Sicht als Achillesferse der „Festung Europa" zu betrachten. Nirgendwo sonst sind die Unterschiede in Bezug auf Bevölkerungswachstum, Wirtschaftentwicklung, Pro-Kopf-Einkommen und Beschäftigungsmöglichkeiten deutlicher und dennoch geographisch näher beieinander als an dieser Meerenge (KREIRENBRINK, 2006, S. 3). Neben der Einwanderungsroute über die kanarischen Inseln stellt die Straße von Gibraltar wohl den meistgenutzten Verbindungsweg nach Spanien, in Bezug auf afrikanische Migranten, dar (KREIRENBRINK, 2006, S. 3).

Außerdem verschärften viele europäische Staaten (z.B. Deutschland, Frankreich, Schweiz), aber auch die USA, seit Mitte der 1970er Jahre ihre Zulassungspolitik. Diese Entwicklung machte Spanien besonders für Migranten aus Lateinamerika zur Alternative und begünstige die irreguläre Zuwanderung (Kreirenbrink, 2006, S. 3).

Zum anderen ist Spanien selbst verantwortlich. Mit einem vorranschreitendem Wirtschaftswachstum, dem Beitritt in die EU und dem steigenden Lebensstandards avancierte Spanien zu einem attraktiven Ziel für viele Migranten (Kreirenbrink, 2006, S. 2).

Außerdem verlangte der spanische Arbeitsmarkt nach Arbeitskräften, für Tätigkeiten, für die keine spanischen Arbeitskräfte mehr zu gewinnen waren (Kreirenbrink, 2006, S. 2).

Zusätzlich gab es bis Mitte der 1980er Jahre keine nennenswerte Ausländerpolitik und – gesetzgebung (Laubenthal, 2007, S. 122). Erst 1985, ein Jahr vor dem EU-Beitritt, wurde das erste Ausländergesetzt Spaniens verabschiedet, das „Ley Orgánica 7/1985 de 1 de Julio sobre los derechos y libertades de los extranjeros en España (Ley 7/1985)" (Kreirenbrink, 2006, S. 3). Allerdings dauerte es noch weitere 11 Jahre bis es das erste Mal verändert wurde und verbesserte „nur" den rechtlichen Status regulärer Einwanderer (Laubenthal, 2007, S. 122). Für die irregulären Einwanderer galt weiterhin das Ley 7/1985.

Dieser Gesetzesentwurf sah Migration als ein „rein temporäres Phänomen zur Regulierung von Arbeitskräftebedarf" (Laubenthal, 2007, S. 122). Grundsätzlich betrachtet ist die spanische Migrationspolitik geprägt durch die „langsam heranreifende Erkenntnis, ein Einwanderungsland zu werden" (Kreirenbrink, 2006, S. 3). Zunächst wurden mit dem Ley 7/1985 erste, grundlegende rechtliche Konstanten geschaffen, welche aber insgesamt nur zu einer politischen Wahrnehmung führten (Kreirenbrink, 2006, S. 3). Erst in der folgenden Phase kann von einer wirklichen Migrationspolitik gesprochen werden. Mitte der 1990er Jahre wurden Grundrichtlinien und Regelungen in allen Bereichen der Migrationspolitik erlassen (Kreirenbrink, 2006, S. 3). Darunter auch die Einführung dauerhafter Arbeitsgenehmigungen und erste Schritte bezüglich einer Integrationspolitik mit dauerhafter Aufenthaltsgenehmigung und Möglichkeiten der Familienzusammenführung (Kreirenbrink, 2006, S. 3). Allerdings hatten die Folgeerscheinungen der „unkontrollierten" Zuwanderung, wie z.B. Migrationsnetzwerke und Verwandtschafts- u. Freundschaftsverbindungen eine „Eigendynamik entwickelt, die Bemühungen von Migrationsbegrenzung z.T. [konterkarierten]" (Kreirenbrink, 2006, S. 3). Das im Jahre 2000 verabschiedete Gesetz Ley Orgánica 4/2000 spiegelt die „Anerkennung von [regulärer als auch irregulärer] Einwanderung als strukturelle Konstante" (Kreirenbrink, 2006, S. 3) durch die spanische Politik wider und zeugt von Spaniens „Ankunft in der „Normalität" eines echten Einwanderungslandes" (Kreirenbrink, 2006, S. 3).

Hauptaugenmerk des Ley Orgánica 4/2000 liegt dabei auf der Förderung legaler Einwanderungen und sozialer Integration unter „Beibehaltung aller Kontrollen" (KREIRENBRINK, 2006, S. 3). Die im März 2004 neugewählte, sozialistische Regierung um Zapatero führt den eingeschlagenen Kurs der Migrationspolitik fort. Sie bemüht sich allerdings um einen „liberaleren und mehr an Konsens orientierten Umgang mit dem Thema der Einwanderung" (KREIRENBRINK, 2006, S. 3) und führte einen hoch dotierten Integrationsfond (2005: 120 Mio. €; 2006: 182 Mio. €) ein, welcher den Kommunen zugute kommen soll (KREIRENBRINK, 2006, S. 3). Außerdem ist ein Entwurf „zur bürgerlichen und sozialen Integration von Einwanderern" (KREIRENBRINK, 2006, S. 3) in Planung, welcher von 2006-2009 mithilfe von rund 2 Milliarden Euro durchgeführt werden soll (KREIRENBRINK, 2006, S. 3).

4.3   Die Situation der irregulären Einwanderer

Wenn man die derzeitige ausländische Wohnbevölkerung betrachtet fällt vor allem die beachtliche Veränderung in den letzten 20 Jahren, bezüglich der Zusammensetzung, auf. Afrikaner, besonders aus den Maghreb-Staaten machten 2005 19% aller Ausländer in Spanien aus (siehe Abb. 2). Marokkaner sind darunter mit fast 70% die größte Gruppe (KREIRENBRINK, 2006, S. 4). Aber der Trend zeigt, dass auch immer mehr Emigranten aus den subsahara Regionen nach Spanien einreisen, was die Zahlen der nigerianischen und senegalesischen Zuwanderer unterstreichen (KREIRENBRINK, 2006, S. 4). Mit fast 40% bilden die Emigranten aus Lateinamerika den größten Teil der ausländischen Wohnbevölkerung (siehe Abb. 2) und sind maßgeblich an der momentanen Zuwanderungssituation beteiligt (KREIRENBRINK, 2006, S. 4). Ein Drittel aller Lateinamerikaner sind Ecuadorianer (34,4%), gefolgt von Kolumbianern (18,8%) und Argentiniern (10,6%) (KREIRENBRINK, 2006, S. 4).

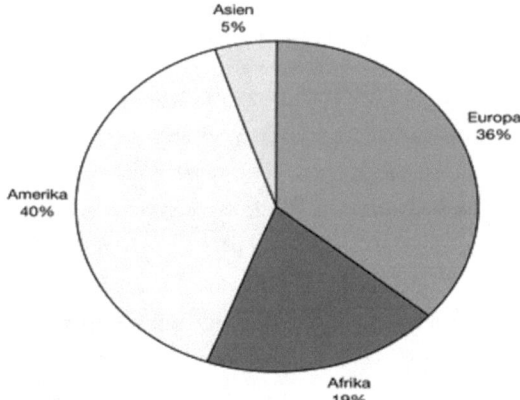

Abb. 2: Herkunftsregionen der ausländischen Bevölkerung 2005 (Quelle: Instituto Nacional de Estadística, padrón municipal 2005. In: KREIRENBRINK, 2006, S. 4)

7

Betrachtet man die regionale Verteilung der ausländischen Bevölkerung, so wird deutlich, dass sich diese besonders in den landwirtschaftlichen Anbaugebieten der Mittelmeerküste (Katalonien, Andalusien), sowie den Städten Madrid, Barcelona und Valencia ansiedeln (siehe Abb. 3).

Nach KREIRENBRINK (2006, S. 4) spiegelt dieses Verteilungsmuster eine „duale Realität der Zuwanderung wider" (KREIRENBRINK, 2006, S. 4). Den zahlenmäßig geringeren nordeuropäischen Einwanderer dient Spanien vornehmlich als „sonniger Süden [der] Erholung" (KREIRENBRINK, 2006, S. 4). Für die Migranten aus Afrika und Lateinamerika stellt Spanien ein Teil des „reichen Nordens dar, der Arbeitsmöglichkeiten bietet" (KREIRENBRINK, 2006, S. 4).

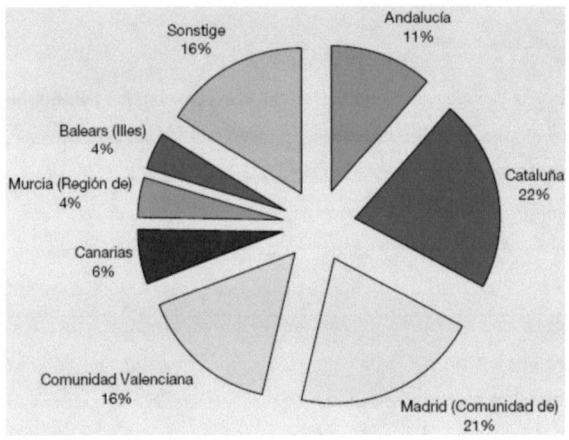

Abb. 3: Regionale Verteilung der Ausländer in Spanien nach Autonomen Gemeinschaften 2005 (Quelle: Instituto Nacional de Estadística, padrón municipal 2005. In: KREIRENBRINK, 2006, S. 5)

Hauptursache des irregulären Aufenthalts ist vor allem das Problem des sog. „overstaying", welches die legale Einreise und das folgenden Ignorieren der legalen Aufenthaltsdauer beschreibt (KREIRENBRINK, 2006, S. 6). Die illegale Einreise mithilfe von Schleusernetzwerken oder anderen organisierten Gruppen ist sehr viel geringer als die Medienwelt es zeitweise darstellt (KREIRENBRINK, 2006, S. 6). Besonders seit dem Aufbau des Küstenüberwachungssystems (Sistema Integral de Vigilancia Exterior, SIVE) Ende der 1990er Jahre haben sich beispielsweise die Aufgriffe der s.g. „boat people" deutlich verringert (KREIRENBRINK, 2006, S. 6). Leider spricht auch vieles dafür, dass sich nur die Routen verändert haben. Folgen für die irregulären Migranten sind stark erhöhte Kosten und Risiken bei den Überfahrten. Neuste Beobachtungen sprechen sogar von einem Meiden der marokkanischen Küste aufgrund stark erhöhter Überwachung (KREIRENBRINK, 2006, S. 6).

Teilweise starten einige Boote ihre Fahrten im Senegal oder in Mauretanien, wovon nach Schätzungen der spanischen Experten nur etwa 40% ihr Ziel erreichen (KREIRENBRINK, 2006, S. 6). Dennoch schafften es 2006 mehr als 11.000 Migranten, über diese Routen, vor oder auf die Kanarischen Inseln (KREIRENBRINK, 2006, S. 6).

Viele Migranten versuchen es aber auch über die spanischen Exklaven Ceuta und Melilla, welche aber seit den 1990er Jahren kontinuierlich gesichert werden (KREIRENBRINK, 2006, S. 7). Dennoch scheint der Zustrom von irregulären Migranten nicht abzureißen. Weitere Ereignisse, wie sie im September und Oktober 2005 stattfanden, scheinen nur eine Frage der Zeit zu sein. Damals versuchten mehr als 1.000 Migranten, in einem gesammelten Vorstoß, die Sicherheitsbarrieren zu überwinden. Es gab 14 Tote und mehrere Hundert verletzte (KREIRENBRINK, 2006, S. 7).

4.4   Das Beispiel marokkanischer Einwanderer in Almería

Um einen genaueren Einblick in die Situation der irregulären Einwanderer Spaniens zu bekommen wird folgend das Beispiel marokkanischer Einwanderer in der Provinz Almería aufgeführt.

Almería ist eine der acht Provinzen der Autonomen Region Andalusiens und befindet sich im Osten der Region (siehe Abb. 4). Seit Anfang der 1970er Jahre hat sich in Almería eine bedeutende Gemüseproduktion entwickelt, welche maßgeblich für den wirtschaftlichen Aufschwung der Region verantwortlich ist

Abb. 4: Provincia de Amlería
(Quelle: http://es.wikipedia.org)

(HARTKEMEYER, 2006, S. 82). Die Produktionsbedingungen sind in der Region extrem preiswert, was laut HARTKEMEYER (2006, S. 82) auf die „stetige Verfügbarkeit von billigen ausländischen Arbeitskräften zurückzuführen [ist]" (HARTKEMEYER, 2006, S. 82). Hervorzuheben sind die Löhne, welche bei der Gemüseproduktion der ausschlaggebende Kostenfaktor sind (HARTKEMEYER, 2006, S. 82). Reguläre Einwanderer oder auch spanische Arbeitskräfte bekommen den Mindestlohn von 27€ pro Arbeitstag (ca. 8 Stunden). Aufgrund ihrer schwierigen Situation „akzeptieren" aber die meisten irregulären Einwanderer niedrigere Löhne (HARTKEMEYER, 2006, S. 107). Nach HARTKEMEYER (2006, S.107) verdienen illegale Migranten durchschnittlich nur 24€, d.h. etwa 3€ die Stunde.

In der Provinzstadt El Ejido wird ein weiteres Problem deutlich, mit welchem sich die irregulären Migranten konfrontiert sehen. Etwa 25% der im Stadtgebiet arbeitenden Marokkaner leben in der Stadt selbst. Sie leben überwiegend in Wohnungen der Armenviertel der Stadt. Mehr als 55% haben weder fließendes Wasser noch sanitäre Einrichtungen, ca. 31% verfügen über keinen Strom (HARTKEMEYER, 2006, S. 108).

Den restlichen 75 % geht es nicht besser. Die meisten leben „versteckt und abgesondert auf landwirtschaftlichen Anbauzonen zwischen Gewächshäusern in Notunterkünften" (HARTKEMEYER, 2006, S. 108).

Des Weiteren leben die meisten Marokkaner getrennt von der übrigen (spanischen) Bevölkerung El Ejidos. Generell werden sie nicht gerne gesehen und abwertend als „moros" (Mauren) von der zumeist spanischen Bevölkerung beschimpft (HARTKEMEYER, 2006, S. 108). Außerdem wird ihnen in vielen Discotheken, Restaurants und Läden der Zutritt untersagt (HARTKEMEYER, 2006, S. 108). Im Februar 2000 verschärfte sich die Situation in El Ejido und der Zusammenhang von „Ausbeutung, Rassismus und Ausländerpolitik" (HARTKEMEYER, 2006, S. 108) wurde für jedermann sichtbar.

Zu Beginn der Auseinandersetzungen hetzten lokale Radiostationen gegen die marokkanischen Einwanderer, aufgrund zweier Morde an Gewächshausbesitzern. Zusammenfassend kann die Lage damals schon als extrem angespannt beschrieben werden (HARTKEMEYER, 2006, S. 108). Nach einem weiteren Mord an einer Spanierin brachen Unruhen aus, welche tagelang nicht unter Kontrolle zubringen waren (HARTKEMEYER, 2006, S. 108). Es kam zu Übergriffen und auf dem gewalttätigen Höhepunkt wurden Marokkaner „durch die Stadt getrieben und mit Steinen beworfen" (HARTKEMEYER, 2006, S. 108). Zusätzlich wurden marokkanische Wohnungen, Autos und Geschäfte geplündert, woraufhin die marokkanischen Zuwanderer Gewächshäuser in Brand setzten (HARTKEMEYER, 2006, S. 108). In Folge dieser Zustände brach ein Streik aus, welcher tägliche Verluste von ca. 9 Millionen Euro brachte. Daraufhin drängten besonders die Unternehmer auf eine schnelle Beilegung des Streiks und sprachen sich für eine gemeinsame Lösung aus. Ganz anders als die spanische Volkspartei Partido Popular, welche die sofortige Ausweisung aller irregulären Migranten forderte (HARTKEMEYER, 2006, S. 109). Nach harten Verhandlungen kam es am 12. Februar 2000 zu einer Vereinbarung zwischen den marokkanischen Migranten, den Unternehmern, den Gewerkschaften sowie einigen regionalen Regierungsvertretern. In dieser wurde festgehalten (nach HARTKEMEYER, 2006, S. 109):

- die Bereitstellung sicherer Unterkünfte für alle Arbeiter

- alle Verluste (auch der Unternehmer) sollten entschädigt werden

- die schnelle und großzügige Legalisierung aller Migranten ohne gültige Dokumente in Almería aufgrund der besonderen Situation

- Unternehmerverbände und Gewerkschaften verpflichten sich zur Einhaltung der Mindestbestimmungen, wie sie im Tarifvertrag für die Landwirtschaft festgehalten sind

- die Einrichtung einer Kommission zur Untersuchung der Überfälle

- die Bildung einer Kommission zur Überprüfung der Umsetzung der Vereinbarung

In den folgenden Tagen war der Streik beigelegt und die Arbeit in den Treibhäusern wurde wieder aufgenommen. Eine Delegation des Europäischen Bürgerforums überprüfte einige Monate später die geplante Umsetzung der Vereinbarung. Leider musste sie feststellen, dass es keine nennenswerten Veränderungen gab, weder von Seiten der Unternehmer noch von der Regierung (HARTKEMEYER, 2006, S. 110). Ganz im Gegenteil, viele der Unternehmer stellen nun vermehrt Arbeitskräfte aus dem osteuropäischen Raum ein. Auch die versprochene Legalisierung fand niemals statt. Des weiteren gab es auch keine Anzeichen von einer „moralischen Entschädigung in Form einer Anerkennung des Unrechts oder Versöhnungsmaßnahmen" (HARTKEMEYER, 2006, S. 110), was besonders unter den Marokkanern und im Ausland auf Unverständnis traf.

Betrachtet man die heutige Situation in El Ejido so fällt auf, dass die osteuropäischen Arbeitskräfte stark zugenommen haben und sich immer größerer Beliebtheit erfreuen. Als Gründe für diese Entwicklung nennt HARTKEMEYER (2006, S. 109) die weniger stark ausgeprägten kulturellen Unterschiede.

5 Fazit

Betrachtet man die Ursachen, welche die irreguläre Migration unterstützen, so kann man sicherlich äußere Faktoren wie z.B. die geographische Lage Spaniens nennen. Dennoch haben viele Angelegenheiten ihren Ursprung im „Inneren" des Landes. Eines der größten Probleme war sicherlich lange Zeit die desolate Einwanderungspolitik der spanischen Regierung, welche weder die legale Einreise noch die Integration oder Ausländerrechte förderte. Viel wichtiger ist allerdings die Frage nach der Situation der irregulären Migranten. Zusammenfassend kann man zwar sagen, dass sich diese in den letzten Jahren verbessert hat, aber das Beispiel aus El Ejido zeigt, dass sich die Lebensumstände noch lange nicht auf einem akzeptablen Niveau befinden. Hier sind die Spanier selbst gefordert, die Frage der Integration der irregulären Einwanderer, zu beantworten. Doch die Diskussion über das „von" und „mit" den Migranten leben, hat noch nicht wirklich begonnen.

6 Literaturverzeichnis

DÜVELL, F. (2007): Schattenwirtschaft und Migration. Irreguläre Migrant/innen in den Städten Europas: Wirtschaftliche, ethische und politische Implikationen. University of Oxford. S. 2-4.

HARTKEMEYER, T. (2006): Marokkanische Arbeitskräfte in Almerías Gewächshäusern. Der wirtschaftliche Aufschwung einer marginalen Region und seine sozialen Kosten. In: Knerr, B. (Hrsg.). Vorweggenommene Erweiterungen: Wanderungsbewegungen aus Grenzgebieten in die EU. Universität Kassel. S. 82-110.

KREIENBRINK, A. (2006): Spanien. Focus Migration Länderprofil. S. 2-7. http://www.focus-migration.de/Spanien.1236.0.html Abgerufen: 12.05.2008

LAUBENTHAL, B. (2007): Der Kampf um Legalisierung. Soziale Bewegung illegaler Migranten in Frankreich, Spanien und der Schweiz. Frankfurt am Main. S. 121.

SANTEL, B. (2001): Zwischen Abwehr und Normalität: Einwanderung in Italien und Spanien. In: Sozialwissenschaftlicher Fachinformationsdienst - soFid (2001/2). S .7.